ALICIA PODERTI

REINOS ALEATORIOS

ALICIA PODERTI

REINOS ALEATORIOS

POEMAS

JustFiction Edition

Cover image: www.ingimage.com

Publisher:
JustFiction! Edition
is a trademark of
Dodo Books Indian Ocean Ltd. and OmniScriptum S.R.L publishing group

120 High Road, East Finchley, London, N2 9ED, United Kingdom
Str. Armeneasca 28/1, office 1, Chisinau MD-2012, Republic of Moldova, Europe
Printed at: see last page
ISBN: 978-613-7-38703-0

ALICIA PODERTI

ALICIA PODERTI

REINOS ALEATORIOS

Poemas

Segunda Edición

1

Mis pasos en esta calle
Resuenan
En otra calle
Donde
Oigo mis pasos
Pasar en esta calle
Donde
Sólo es real la niebla.

OCTAVIO PAZ

MEMORIA DE LOS ESPEJOS

Y los días
giran como torres
Cifradas
de caos
y belleza

Menudas
cortezas marinas
Certezas

Que regresan
de la ola
                 hacia tu mano

Lewis Carroll
ha reescrito
las premisas armoniosas
de Platón

Existirás
mientras un Otro te sueñe

Sobre el ala de un pájaro fulgente
huyes
No me sueñen no me piensen
no susurren

Abrazada a la obsesión de Kant
Ah
sus razones de bordes perfectos

Niña no huyas más

Ya no debes ocultarte
debajo de la mesa

Entretanto
la hormiga gira en círculos perfectos

Mientras ellos esconden su crimen gigantesco

Purgan su condena
en el pozo de aguas muertas
Con un jirón de tu vestido
en las manos

Acaso los amaste
No lo sabes o tampoco lo recuerdas

Brilla el arco del tatuaje
De espaldas
            a un pasado
con descendientes de Judas
y sus mil cuños
            quebrados

Cuántos cuerpos
habitas

desde aquella mañana de marzo
hasta la noche
del mismo día

Odiadores
devoran su semilla
condenada

es la aldea
de templos erguidos
sobre escombros
y escombros de otros templos

Entonces
llueve
siempre llueve

Pasa flotando un puzzle
y todas sus piezas

       siempre azules

Ángel del Espejo
no me prives de tu hechizo

Ah
la fiesta de los felinos purpúreos
Ah
ese canto de amapolas
con sus cráneos de opio y de vikingos

El último oleaje de Gaudí
sacude mil Ciudades Góticas

Ya solamente
hay luz
colisión de mudos algoritmos

Soy
una cifra
        Indescifrable

Inmensos
los ojos
en el espejo sonoro

La armadura
saltando en pedazos
            desde el cuerpo
disparada hacia la cúpula imantada

Besos reales persisten
laten
still alive

Ah
Mientras mi acromio suspira

Allí
donde el amor se parece
al ciclón de una isla
Innominada

Febrero
Rojo mes del aire
rojo

Lunas quiméricas
Claraboyas en suspenso
              donde asoman
rostros de antaño
Los abuelos

Círculo imantado
parte y todo de un acorde indivisible

Fiesta de sicuris
en montañas que no existen

La duda
intersticial
es el Presente

Vives
en la rompiente
que te salva
te enjuaga las heridas

Que cubre tu sueño
con espejos pócimas ajedrez

La Reina Blanca llega
murmurando balbuceando

Y tú
resistes
los azotes del odio

Absurdo y extraño
        es el encono

Mar de palabras
Ci hai 语言之海
y tu Tesauro redondo

Muros altos y grafitis
Allí donde se escribe
la Historia
de los que no tienen
　　　voz

Cerradura legal por donde espían
　　　ojos
de esperanza

No llores Jonás
en el vientre de tu pez
amarillo

Ya no perteneces
a aquel sitio

Cerca del mar vives tus horas
con peces voces gatos de Botero
        Conmovidos

Al oleaje
lanzaste la botella
el mensaje
        para el Hijo

Renunciaste
a los anillos perlas flores nácar
Cielos
        Antiguos
Mientras el Otro
escribe con tintas de sudario
Replegado en su aldea
        Insoportable

Tiembla la montaña
Todo el tiempo

Se desmaya el ayer
sin asas
ni universo

El tiempo
Es la canoa
        que avanza sobre el río

Con todos sus remeros
          mirando siempre
Atrás

Cuando el río
se vuelve intolerable
como llanto de abedules

Alicia cruza los Espejos legionarios
vibrante dúctil fiel al Dios

Relativos episodios
desintegran
trópicos ciclos hielos mares estaciones

Y es entonces
Solo entonces
Cuando ambos nos volvemos
infinitos fotogramas

Observamos
la luz de la lámpara
          Subterránea

          Absolutos
          Cápsula vacía de los tiempos

Dicen que hay dolor
allá
en el norte borrascoso
Sin clepsidras
perros sucios
            lluvias ambarinas

El piano
            Abandonado

Ojos de ladrones de flores de fronteras
de Hijos benditos
            frutos de tu vientre

Dicen que

Entonces
los dioses menores
brillaron
Por encima
del sol

Ésta
es la novena cosmogonía
del Presente

Mujer
que vuelves
a tu origen

Nueva
desde el rio
que engendró tu alma de jazz
geométricos felinos
y caballos de trigo

Ahora
en la ciudad de las luces
la estrella perpetua te rescata

Brillan por siempre los espejos
para jugar con Alice
cada día

ESTAMPIDA DE VILLANOS

Entonces
el mundo expulsó a los mortales
                 Impostores
clan de pestes del Trópico torcido

Temblores
            emboscadas
Se multiplican las Alas

Escribieron
mil cartas y postales
de papel de sobres vía aérea
los ochenta
Stockholm Germany United Kingdom
Lost
Argentina
y las esquelas love you jag älskar dej
Fredie Mercury Alice in Wonderland
                  Honey with love
Con su grafía de parásitos en ciernes

Amada deseada
sobreviviente
de sus lenguas
            Incesante delirio de uvas agrias

Tan pronto
se convirtieron
tus escritos
en profecías vestigios del futuro

Dolor
     Escudo tu pecho
Cuerpo
violentado para siempre

El vientre
     se aleja de ti
En la sala iluminada
        donde extirpan
párrafos completos
        a tu cuerpo

David llévate ya
tus piedritas de 13 milímetros
Deja que Goliat
       viva su sueño
de Eterno
       Gladiador

Abrazaron tus días
y tus noches

Concavidad sonora tu cintura

Los sueños
se quedan allí
Constelación de la Historia

La noche es el pueblo
que yace
        Sofocado

Te amarán
Te quieren de magnolia
de nácar de blanco de roto amanecer

Te amaron
en tus días de estudiante
se aferraron a tu nombre con
                    Delirio

Porque Fuerte como la Muerte es el Amor
ha dicho la Escritura más sagrada

Y después cómo todo es furia
                    Despecho
Te persiguen para matarte
Quieren incendiar tu cuarto propio
de Virginia
de libros cantos tigres azulados

Quieren robar tu letra de poeta
que resurge cada tarde
La que se queda en papeles doblados
ocultos
          en la noche en la cocina
          del Silencio

Amada eterna
de esos hombres resumidos
Eludes trampas celos
              endémicos perpetuos inconclusos

Cortejaron tus eneros
Tus manos fundaban
los perfumes
canela manzana pimienta cardamomo
bocado sacrosanto de apfelstrudel

Hoy lloran
temblando miran su plato vacío

Te dijeron
Niña mala ordena tu escritorio
de papeles fotos escarabajos de plata
              Clarividentes felinos
levitando entre libros y pinceles

Cállate mujer
No sabes nada

Indecibles palabras
                    en el buzón de hierro
Palabras que la Madre guardó con ira
junto a muy otros papeles
                    que esconden con celo
para mascar en las tardes con infinita hiel
Adversaria

En la noche crudo insomnio
abren cajas con zapatitos de plata
Y sus pies duelen de rabia

Avidez de Salamancas

En nombre de la familia
saquearon las esquirlas de tu sangre

Aguas del Jordán
del hijo de los mares
Todas las aguas
                saturadas de pirañas

Carcomieron las paredes
flores albercas
                Contaminadas

En tu ausencia
sentaron hienas a tu mesa
Escondieron
conjuros maldades en cada rincón de la casa

Después
        Desertaron
        Huyeron
        Escaparon

En verdad
                Nunca existieron

Se quedó sin adioses
Niño amado

Cristal de congojas
                    Aeropuerto miserable
No lugar
de los que no tienen patria
de los que son
                    de ninguna parte

Condenados
los que solo ganaron
la batalla de los Loser

Desterrados
                    fueron tan solo trayecto
                    itinerario breve
distancias escalas aviones pasaportes

Inaceptable
Aquel que huyó camuflado
Llevando de rehén a un ángel

Malhechores de una gesta colombina
En las naves del milenio cargaron
amantes
bandidos
concubinas

Ah de las Mercedes bipolares
Y su envidia gimoteada

Van cayendo desde el norte
fotos cortadas ropa sucia dagas y cuchillos

Ya no pueden alcanzarte

Desertaron
por mares montañas
archipiélagos heridos

Huyeron con sus cómplices amantes
de sus deudas dilatadas
de violencia retorcida consumada
fugitivos prófugos viciosos
Cruzaron ríos leyes
reinos ocasos mil fronteras

Escaparán para siempre
              apremiados
              de destierros

Hoy
trituran sus prisiones de despecho
          ensimismados
Desafiando los rumores
          de los heraldos corvos
demonios emplumados divagaciones necias
en legiones mal nombradas

Desbordaron los recuerdos rotos
haraganes con cara de vampiro
te robaron años de oro joven
esmeraldas y titanio

Ladrones impecables con genes alterados
Martillaban tus huesos los relojes de tu abuelo
en las noches de tormento

Manos rudas rozaban las teclas de los pianos
Usurpados

Mientras dabas a luz
          y el Hijo respiraba

Ellos juraron
   Yacaré por la tumba de la madre rubia castigada
   Macizo en sepulcros del padre que no existe
   Y otros olvidados de sus almas
perjuraron por la encíclica de un Papa
por el ladrillo de la ciudad enterrada
por casas construidas y jamás habitadas

Ellos
hurtaban tus saberes
vigilándote dormida
noche bermeja luna tensa noche

Hoy descuelgan obsesiones
péndulos lutos lamentos música de autodidactas
esperan que el odio enjuague su guadaña

Bordes de histeria masculina
que Sigmund se negará a estudiar

Dictadura patriarcal
              cimiento de los siglos

Expedientes de fósil escorpiones ácaros
engullen a los pobres santos inocentes
Purgatorio sin luces
              ni ventanas

No hay justicia
en el valle hundido de la muerte

En la casa
de la madre
              que te quitó
la vida

Atados
al árbol más enfermo del planeta
se aclaman los letrados mendigos litigantes
con sus títulos comprados
con su ropa de oferta
Van al alba a suplicar por expedientes
en oficinas judiciales
o pactar con abogados de buen nombre

Genealogías fatuas
frígidos apellidos
Huyen
Engullen
        sus condenas
Un juez canta baladas en sus fiestas

No existe paz
En el espejo de Adán

Extirpa ya
los ojos del engaño
pócimas maldiciones
de brujos y chamanes lugareños

Sinfonía triste en la aldea perturbada
apenas sibilante clavicordio de vikingos

Usurpadores de vidas
que rogaron casamiento
de rodillas
Aferrados a tu nombre

Desvalijaron tu casa tu saber tus monederos
escondieron el tesoro
en su caja de herramientas
para escapar
        ocultos
        por una puerta trasera

El huyó
con sus cómplices corruptos

Fue la noche de Corpus Christi

En la casa destruida
te amparaste

Sola
       junto a tu Niño
             Despierto

No usarás mi nombre en vano
Hombre que lloras
en la orilla de un verso
           Tachado
Más desnudo que desnudo
vas por tu noche de musgo

De día
vacilas mirando el suelo
Se fue el cielo de diamantes
No puedes atraparlo

Más desnudo que desnudo
Suspira tu espalda
crece tu sombra de dromedario

Eterna la tarde
Un niño vende calas en el río

Escribe apúrate escribe no hables escribe pulsa enter
Más desnudo que desnudo
           No usarás mi nombre en vano

Llegó la saga de los arrepentimientos
Manos imploran llorando
Villanos clamando aferrados como arañas
                    a la reja de la entrada

Porque Fuerte como la Muerte es el Amor

Antagónica
en la aldea tan lejana

Se agrieta
el mármol del naufragio

Hasta que tu espada
                de oquedades
                    rompe el tragaluz

Ya nunca más
Serás prisionera del mal

EL BORDE
DEL LABERINTO

Respiras ahora
Laberinto de aguas bajas
No más gritos

Hoy
las campanas son otras y posibles

Tu destino
no está en murmuraciones
lenguas de caliza melodías profanadas
Eclipses de lava

Ayer
dormías como muerta
ciclones maelström sacha antarca
tristes de bagualas
tristes huaynos
pezuñas tristes colgadas en el barro
Bandas de sicuris ataviados
con tristes gorras de la armada

Quebradizas
las montañas se convierten en desierto
Cordilleras
            cabalmente derrotadas

Inmigrante
que arrancaste las tormentas a tu alma
No te asomes al abismo

donde Otelo
            aún
se extingue

Rescatada
de un cerro anfibio
Ojos enormes te miraban
fósiles trilobites peces
ahogados hace millones de años

Allí donde los aprendices de geólogos
azotaron sus piquetas
pretendiendo algún descubrimiento

Hoy
los mares donde flotas
son verdades
orfeones cristalinos

Sumergida en el aire
Viajas
por siempre
suspendida en la víspera del Ángelus

Fiesta eterna
en las veras del gran Río de la Plata

Él coloca el disco de vinilo
Luis Armstrong
Billie Holiday y Gershwin
Su jazz también es mío

Me dio su Stella Maris
Our Lady of the Sea
La llevo conmigo en cada viaje

Padre
Me bautizaste Alicia
de Wonderland del Espejo y la Armadura
Stella
la Niña viajera
de mares tierras desconocidos espacios

La que se va en tu moto roja

Y ya no vuelve

Es la mano de Borges
o quizás la otra mano
la que juega su partida
de vientos y ajedrez huracanados

     Dios mueve al jugador y éste la pieza
     La sentencia es de Omar

Alejandra Alfonsina Alice
rompen la lógica de pares y binarios
Alicia gana a la Reina
vence al monstruo temible
           Jawerbocky

Jumper gris
uniforme de la infancia
con solo diez años
leyó a Balzac y su Comedia Humana

Todo era gris
La résignation *est un suicide quotidien*

Qué esperar
del mundo
cuando
prematuramente
conoces
           a todos sus personajes

La redención sobrevino
cuando su padre pintó
            aquellos tigres rugientes
de geometría obstinada

Y su retrato
            con el vestido rosado

Devuélvenos
oh mundo
la belleza del Caos
la impecable simetría
            del caracol euclidiano

Lejos
de la ciénaga maldita
Conjuro Ilustre
Capitulación de fundadores locos

Escribes en clave
          Cuerpo nuevo
con cicatrices heridas aleaciones
Cuerpo
a prueba de salvas azarosas

Y tú
la Fénix alada
Aliada con la vida
Renaces

Sin espada sin escudo
Sin conflagraciones

Porque esa Luna Muerta
                no te atrapa

Anoche
soñaba
que caía una estrella
                quizás
no era un sueño
                o quizás no caía
quizás era yo quien caía

Quizás no hubo noche

Voy arrancando palabras
que son como raíces
gravadas
por ausencias

Antes de seguir
        remover
y contar
        las huellas de la sangre

escucho
el silencio de las voces
        que hibernan
                largamente

Aprendo
en la inflexión de la tarde
larga tarde fresca de luna
y de cielo que no se cae nunca

Aprendo las formas de tu mano

Y se incrusta en la flor de la magnolia
aquella que planté
hace más de veinte años
Un rumor
como de pactos subterráneos
de caricias que se espían parpadean

Y el jardín es posible
porque todos son extraños
Menos nosotros
                únicos y descifrados

Luego
    es la nostalgia
y vuelve ese aroma de esplendor
en el secreto dicho a voces

Un solo cuerpo
para saberlo todo

El mal
una nebulosa
Compleja

Justo cuando identificas
su esencia
cambia
de forma

Por fin
has dejado de buscarme
Si sabes
      que atravieso los espejos

Resiliente

Siempre
hacia delante

I.

Cedió la vieja puerta

Por fin
se hundió la Casa

Cristales porcelanas inundados
necesario el diluvio
se llevó el jardín enmarañado

Vertientes agitadas sepultaron las pinturas
papeles manuscritos
historias pisoteadas
                    Lámparas agostos
radiografías de huesos tumores extirpados
Corriente estremecida
hormigas fantasmas libros telarañas
Flotaban

Infinito incendio de cascadas

II.

Colapso de muros
           ventanas inflamadas
en descenso hacia un fondo
           de mares piedras petroglifos

Laderas de mármol de madera
El final de un exilio
           de muertes y venganzas
Descendieron
           bártulos tallados en Holanda
crujieron los retratos
           donde habitan dueños de almas

Las cartas
escaparon de rincones y tiempos
           Difamados

III.

La flor de la magnolia
ah flor ensimismada
emergió solo un segundo

Después la superficie fue burbuja
Oscureció su corola en un lecho
de saqueos y de trampas

Verdugos insaciables
se columpiaron
en travesía letal hacia un pozo

Cobre nórdico
vestigios navidades
vajilla lastimada
fragmentos de Titanic

Monedas negras
alimañas
viajaron hacia el hueco
con los relojes de plata
            y familias disgregadas

IV.

Ávidos voraces envidiosos
y glotones
ingresaron al remolino violento
aferrados a ranuras
            de espejos muy ajenos
Reliquias heredadas
ahuyentaron los vampiros

Dante bajó
a coser los ojos insaciables
Infierno
usurpado por Beatriz

Lloraban los vecinos y otros necios
atrapados en muros carcomidos
                    Frases de Babel

V.

Apellidos apócrifos
Terratenientes feudales
patriarcas de siervos y peones
patrones con derecho de pernada

Genealogías fatuas
Hombres con los genes trastornados
culpan a las mujeres por sus hijos abatidos
Siempre malditas
Mujeres del mal
Malas desde Eva en adelante malas locas malas

Ellos
serán castigados
con tormentas de salitre y hielo

Hombres necios que acusáis a la mujer sin razón

Anegada aldea
de predicadores falsos
que maldicen
su propia descendencia

La poeta Olga Orozco avizoró la sentencia
            Ningún pentecostés de alas ardientes
            desciende sobre mí

VI.

Tu paso es presuroso
                    sostienes
la Esfera
de las empuñaduras

En este morral cabe tu presente
                    la libertad
Iluminada
como el borde de la luna

Secreto estruendo de aire junto al mar
La señal
manos nuevas
un cielo circular
Perfecto

Leyes nuevas se vislumbran
                    desde la proa del sol

VII.

Entonces
los recuerdos se transforman
en arena de ángeles

Abatido el dolor
de atmósferas foráneas

El paso es liviano
con tu llave de luces

Cartografía enlazada
por símbolos verdades evidencias

      huellas imposibles

VIII.

Atrás
todos están muertos

Mujer de Lot
ya no miras el mundo naufragando

Tu entereza
            es de asombro
Lewis Carroll

y vitral
            recién
            exhalado

ALICIA PODERTI nació en la ciudad de Buenos Aires. Poeta. Narradora. Ensayista. Historiadora. Comenzó a escribir en su juventud. Publicó su primer libro de poemas "Huellas Imposibles" en 1987, el que obtuvo Faja de Honor de la ADEA.

A la par de su labor comprometida con el arte y la lucha por las causas justas, cultivó la carrera como Investigadora Científica en el CONICET y Profesora en Universidades nacionales y extranjeras. Actualmente se desempeña en la Universidad de Buenos Aires. Es Doctora en Historia y Doctora en Letras (UNLP, UNCu, Summa Cum Laude). Actúa como Asesora en organismos internacionales. Autora de numerosos libros y artículos académicos y literarios publicados en Argentina, Francia, Australia, España, Suecia, USA, Cuba, Colombia, Perú, México, etcétera.

Entre otros galardones obtuvo Premio de la Academia Argentina de Letras, Premio a la Productividad del CONICET, Primer Premio de Regional Ensayo Histórico Academia Nacional de la Historia. En 1996 le concedieron el Primer Premio del Fondo Nacional de las Artes por su ensayo histórico "Palabra e Historia en los Andes", con un jurado integrado por Santiago Kovadloff, Leonor Calvera y Miguel Espejo.

Compositora de producciones musicales, estudió piano, guitarra y canto. Completó cuatro años de clases de Dibujo y Pintura en la Asociación Estímulo Bellas Artes de Buenos Aires. Así pudo desarrollar importantes vetas de creación técnica y artística.

Conduce el Laboratorio Internacional Historia Global y Ciberespacio (LAGHCIB), Facultad de Ciencias Sociales, Universidad de Buenos Aires. Ha sido Catedrática Invitada por Instituciones de prestigio como la Universidad de Gotemburgo en Suecia, la Universidad de New South Wales en Sydney, la Universidad Nacional de México o la Universidad de Sevilla, entre otras.

E-mail: alipoderti@gmail.com
websites: researchgate.net/profile/Alicia_Poderti, conicet.academia.edu/ALICIAPODERTI

Este libro
se terminó de imprimir en la Ciudad de Buenos Aires
espacio natal de la autora
en el mes de diciembre de 2020
en los talleres de la colección
Confabulados Galería Editorial.
Este año 2020 pasará a la historia
como uno de los más tristes y caóticos
por la pandemia COVID19
y sus consecuencias
para la vida del planeta.

Otros libros de la autora:

Historia y Comunicaciones:
Palabra e Historia en los Andes. Buenos Aires: Corregidor, 1997. Primer Premio del Fondo Nacional de las Artes.

Historias de Caudillos Argentinos, en colaboración, Buenos Aires: Alfaguara. 1999. Quinta Edición 2002.

Historia sociocultural de la literatura del noroeste argentino, Primera Ed. CIUNSa, 2000.

Archivo Juan Martín Leguizamón. Documentos (1861-1878), en colaboración, CIUNSa, 2000.

Interpelaciones. Cultura tecnológica, reingeniería educativa y empoderamiento regional, CIUNSa, 2001.

Antología de "Tarja", Buenos Aires, Secretaría de Cultura de la Nación, 2002.

Brujas andinas. 1ª Edición 1999. 2da Edición, Sydney, Cervantes Publishing, 2005.

Revistas culturales y periodismo en Argentina, Buenos Aires: Nueva Generación, 2005.

Preguntas sobre el siglo XXI, Buenos Aires: Ediciones Al Margen, 2007.

Revisión de Mayo. En colaboración. Mendoza: Editorial UNCU, 2009.

La Hermana Mayor. Perspectivas de la Larga Revolución, Directora, Buenos Aires: Analecta Editora, 2010.

Brujas andinas, La hechicería colonial en el Noroeste Argentino. Madrid: Editorial Académica Española. Cuarta Edición.

Casiopea. Vivir en las redes, Ingeniería lingüística y ciberespacio, California: Argus, 2019.

Poesía y Narrativa:
Huellas Imposibles, poemas, 1987, Prólogo: Leopoldo Castilla. Faja de Honor de la Asociación de Escritores Argentinos.

Vuelo Toronto-Amsterdam, cuentos, 1991, Prólogo: Libertad Demitrópulos.

Ilaciones, poemas, 1992. Prólogo: Raúl Aráoz Anzoátegui.

El dios Impar, poemas (CoBAS, 1997). Prólogo: Santiago Sylvester.

Primera Herida. Veinte años de Poesía, 2002, Prólogo: Miguel Espejo.

Trópicos de Hielo, Prólogo: Cristina Piña, 2ª ed ampliada, 2015.

Cuentos para Fran: Relatos para que los niños lean a los grandes, Ilustrado por Dolores Etchecopar, Buenos Aires: Confabulados Galería Editorial, 2020.

Printed by Books on Demand GmbH, Norderstedt / Germany